FORSCHUNGSBERICHTE DES LANDES NORDRHEIN-WESTFALEN

Nr. 1877

Herausgegeben im Auftrage des Ministerpräsidenten Heinz Kühn
von Staatssekretär Professor Dr. h. c. Dr. E. h. Leo Brandt

Dr. rer. nat. Walter Fester

Textil-Ing. Peter Küppers

Textilforschungsanstalt Krefeld

Verfahren zur Messung der Gleichmäßigkeit von Geweben

Springer Fachmedien Wiesbaden GmbH

ISBN 978-3-663-06598-2 ISBN 978-3-663-07511-0 (eBook)
DOI 10.1007/978-3-663-07511-0

Verlags-Nr. 011877

Ursprünglich erschienen bei Westdeutscher Verlag, Köln und Opladen 1967.

Inhalt

1. Einleitung

Ein sehr häufig auftretender Fehler in Geweben, insbesondere aus Chemieseiden, ist die Streifigkeit. Ihre Ursachen sind sowohl auf der färberischen als auch der webtechnischen Seite zu suchen. Durch nicht einwandfreie Färbebedingungen kann es vorkommen, daß nebeneinanderliegende Fäden im Gewebe unterschiedlich stark angefärbt sind. Weiterhin besteht die Möglichkeit, daß die Garne im Gewebe von der Herstellung her oder durch unterschiedliche Behandlung in der Webereivorbereitung, wie Schärerei oder Schlichterei, einer verschieden starken Spannung ausgesetzt wurden, wodurch eine gewisse Verstreckung der Fäden möglich ist, die ein unterschiedliches Anfärbevermögen bedingt.

Eine weitere Fehlermöglichkeit, die als Streifen im Gewebe zum Ausdruck kommt, besteht darin, daß die Lage der Fäden im Gewebe nicht gleichmäßig ist, d. h. die Lücken zwischen den einzelnen Fäden unterschiedlich groß sind.

In vielen Fällen ist erwünscht, derartige Fehler objektiv zu beurteilen. Diese Möglichkeit wird dadurch gegeben, daß man die Remission eines Gewebes mißt, wobei es möglich sein muß, aus der Remissionskurve die Remission jedes einzelnen Fadens sowie der zwischen den Fadenlücken durchscheinenden Gewebeunterlage zu messen. Dies besagt, daß wir ein Verfahren finden mußten, mit dem es möglich ist, die Remission sehr schmaler Streifen zu messen.

Da die Auswertung von Elektropherogrammen nach einem sehr ähnlichen Verfahren mit Hilfe des Gerätes Chromoscan der Firma Joyce, Loebl and Company vorgenommen werden kann, haben wir versucht, auch die Streifigkeit von Geweben mit diesem Apparat zu ermitteln, wobei gleichzeitig versucht werden sollte, auch die Egalität gefärbter Gewebe mit zu erfassen.

Im Hinblick auf die Kettstreifigkeit von Geweben wurden bereits von Osborne, Hume und Reese ähnliche Untersuchungen vorgenommen [1]. Es ist verständlich, daß derartige Messungen von der Art der Bindung eines Gewebes abhängig sind. Da wir jedoch untersuchen wollten, ob die Gleichmäßigkeit eines Gewebes mit Hilfe des Chromoscan möglich ist, haben wir unsere Untersuchungen auf Gewebe mit Leinwand- und Panama-Bindung beschränkt.

2. Die Meßmethode

Die Arbeitsweise des Chromoscan (Abb. 1) basiert auf einem automatischen Doppelstrahlsystem, bei dem die Intensitätsunterschiede zwischen Meß- und Vergleichsstrahl für die Messung ausgenutzt werden.

In der Abb. 2 wird der Strahlengang des Gerätes dargestellt.

Im Unterschied zu dem kommerziellen Gerät wurde von uns ein zusätzlicher Spalt gegen ein Filter ausgetauscht, da dadurch ein schärferes Bild des Spaltes auf der Probe zu erreichen ist, was für die Erkennung jedes einzelnen Fadens erforderlich ist.

Die Messung selbst wird in der Weise vorgenommen, daß die Probe in den in Abb. 3 dargestellten Probenhalter eingespannt und diese Halterung langsam an dem Spalt vorübergeschoben wird.

Abb. 1 Gesamtansicht des Chromoscan der Firma Joyce, Loebl and Company

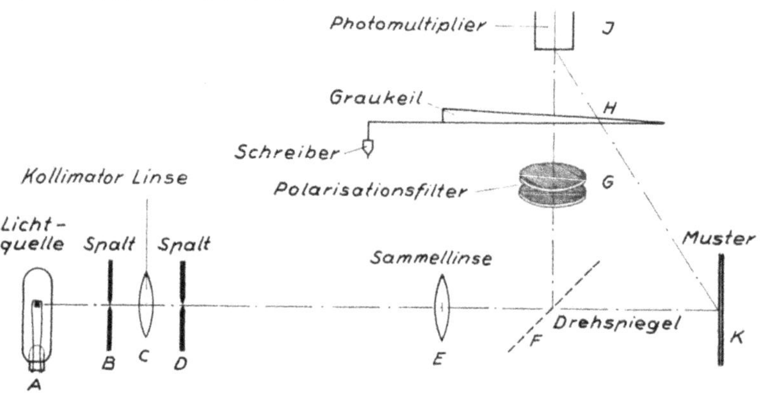

Abb. 2 Strahlengang des Chromoscan, wie er zur Messung von Gewebestreifigkeit verwendet wurde

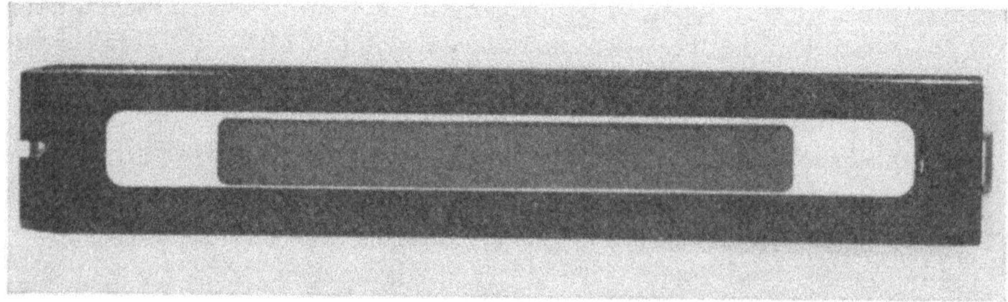

Abb. 3 Die Probenhalterung

Bei unseren Untersuchungen werden die Gewebeproben in der Form eingespannt, daß die zu untersuchende Fadenrichtung senkrecht zur Längsachse der Probenhalterung liegt. Hierbei muß unbedingt darauf geachtet werden, daß das Gewebe einerseits nicht verzogen wird und andererseits keine Falten wirft, da sonst in beiden Fällen keine einwandfreien Meßergebnisse zu erwarten sind. Die Proben wurden in der Halterung bei hellen Geweben schwarz und bei dunkel gefärbten Geweben weiß unterlegt.

Da wir sowohl die Remission jedes einzelnen Fadens als auch diejenige der zwischen den Fäden liegenden Lücken messen wollten, mußte die Breite des Spaltes kleiner gewählt werden als die Dicke der zu messenden Fäden. Weiterhin ist wichtig, daß die Fäden vollständig parallel zum Spalt liegen. Bei dieser Meßanordnung muß also die Remission des Gewebes, das an der Lichtquelle vorbeigeführt wird, kontinuierlich ansteigen und abfallen, so daß die in Abb. 4 idealisiert dargestellte Remissionskurve gemessen wird.

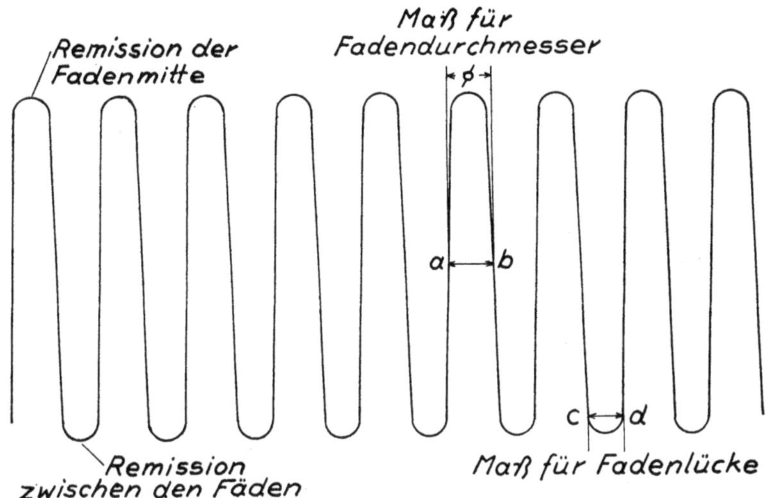

Abb. 4 Idealisierte Remissionskurve eines Gewebes

Hierbei bedeutet der Ausschlag der Kurve nach oben bei schwarz unterlegtem Gewebe starke Remission, also diejenige des Fadens, und der entsprechende Ausschlag nach unten schwache Remission, nämlich diejenige der schwarzen Unterlage in der Lücke zwischen den Fäden. Hierbei ist jedoch zu berücksichtigen, daß in vielen Fällen die Fadenlage in einem Gewebe derart dicht ist, daß praktisch keine Lücke zwischen den Fäden vorhanden ist. Auch unter diesen Bedingungen erhält man aber sehr ähnliche Kurven, wie sie idealisiert in Abb. 4 dargestellt sind. Dies ist darauf zurückzuführen, daß die Remission in dem Berührungsbereich der Fäden schwächer ist, da die reflektierende Fläche der Fäden in einem anderen Winkel zur Lichtquelle liegt als die Fadenmitte. Diese Aufzeichnung der Remission gilt für den überwiegenden Teil der Darstellungen in der vorliegenden Arbeit, so daß wir darauf verzichten können, die Darstellungsweise in jedem Fall zu erläutern. Lediglich bei Remissionskurven von Geweben, die weiß unterlegt wurden, wird ausdrücklich darauf hingewiesen.

In der Abb. 5 wird die Remissionskurve eines groben Gewebes in Panama-Bindung mit Fäden von der Stärke Nm 39,5/2 (⌀ Einzelfaden 0,5 mm) dargestellt.

Diese Kurve bestätigt unsere Erwartungen. Bei diesem Gewebe liegen in der Kette auf Grund eines zweifädigen Rieteinzuges Doppelfäden vor, zwischen denen praktisch keine Lücke vorhanden ist. Diese Tatsache bedingt in unserem Kurvenzug eine breite Remissionskurve jedes Doppelfadens, wobei im Maximum der Remission eine geringe Re-

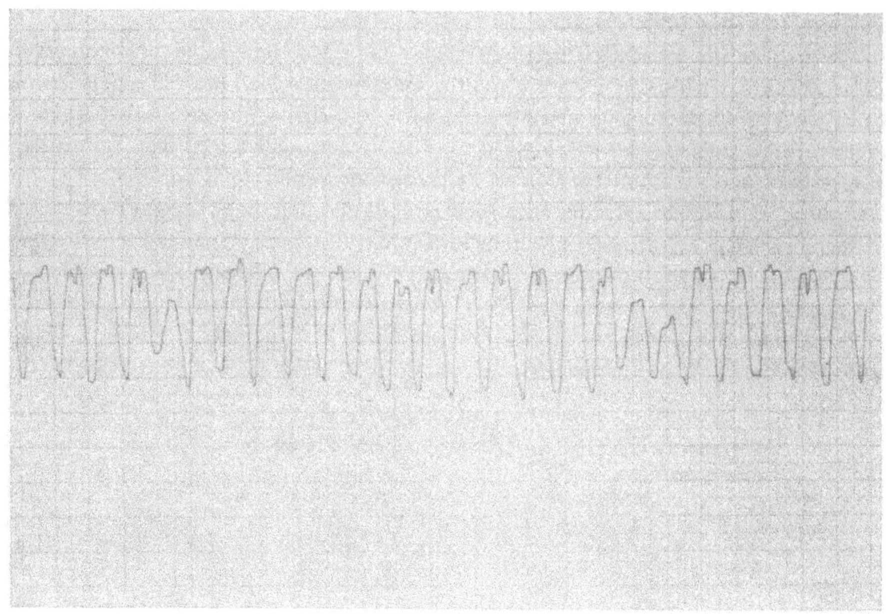

Abb. 5 Remissionskurve eines groben Gewebes in Panama-Bindung

missionsänderung auftritt. Diese Änderung ist bedingt durch die unterschiedliche Reflektion im Bereich der Fadenberührung, wie wir bereits weiter oben ausgeführt haben. Außerdem wurde der 5. und 9. sowie der 20. Doppelfaden dem Gewebe entzogen, welches durch die Remissionsänderung des 5. bzw. 19. und 20. Ausschlages zum Ausdruck kommt.

Die Aufnahme der Remissionskurven derartig grober Gewebe ist relativ einfach. Größere Anforderungen an das Meßverfahren werden erst dann erforderlich, wenn die Remission feinerer Gewebe mit dünnen Fäden untersucht werden soll. Bei dem Übergang auf solche Gewebeproben ist neben der Breite des Spaltes auch die Transportgeschwindigkeit der Gewebeprobe entlang der Lichtquelle wichtig. Abb. 6 zeigt die Remissionskurve der Kettfäden eines Viskosetaftgewebes, bestehend aus Fäden von 120 den. Dieses Diagramm läßt erkennen, daß nicht jeder Faden erfaßt wurde, wie es in Abb. 5 für ein grobes Gewebe der Fall ist.

Wir konnten nunmehr feststellen, daß bei richtiger Spalteinstellung von 10 mm Länge und 0,13 mm Breite durch eine Verkleinerung des Gewebehaltervorschubs auf 4,5 cm/h eine Remissionskurve auch von feinen Geweben zu erhalten ist, die die Remission jedes einzelnen Fadens und der entsprechenden Lücke erkennen läßt. Eine derartige Kurve wird in Abb. 7 dargestellt.

Im folgenden Abschnitt zur Anwendung der Methode wird mit Hilfe eines Mikrophotos weiter verdeutlicht, daß es sich bei jeder Spitze dieser Kurve tatsächlich um die Remission eines einzelnen Fadens handelt.

Da die oben angegebene Geschwindigkeit des Probenhalters mit dem im Gerät eingebauten Getriebe nicht möglich war, haben wir uns in der Weise geholfen, daß wir den Transport des Probenhalters durch Antrieb der Registriertrommel mit Hilfe eines zweiten Motors und eines zweiten Getriebes vorgenommen haben. Diese Versuchsanordnung wird in Abb. 8 gezeigt.

Wir haben also zeigen können, daß es bei geeigneter Wahl der Spaltbreite und des Probenvorschubs möglich ist, die Remission jedes einzelnen Gewebefadens zu messen.

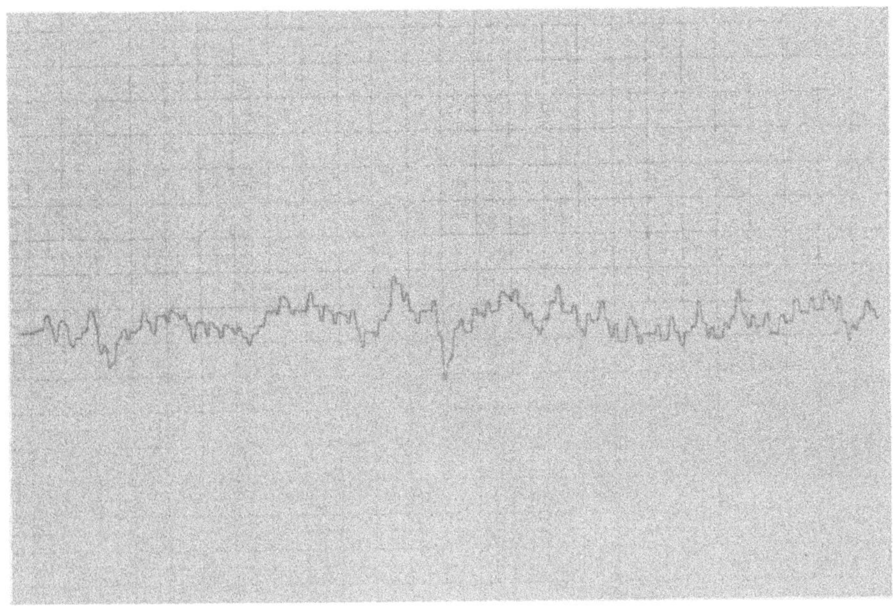

Abb. 6 Remissionskurve der Kettfäden eines Réyon-Gewebes mit Fäden von 120 den. mit unvollkommener Auflösung der Fäden

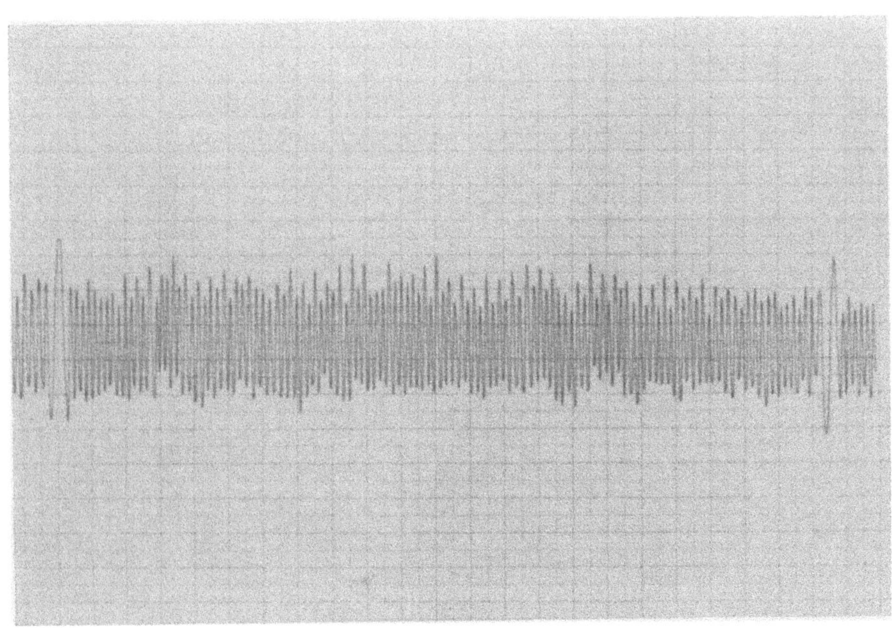

Abb. 7 Remissionskurve der Kettfäden (124 den.) eines Gewebes mit Leinwandbindung

Wie bereits oben mitgeteilt wurde, muß weiterhin darauf geachtet werden, daß die Gewebeprobe *glatt in die Halterung* eingelegt wird. Ist dies nicht der Fall, so erhält man eine Kurve, wie sie in Abb. 9 dargestellt ist. Zur Kennzeichnung des gemessenen Ge-

Abb. 8 Antrieb der Registriertrommel

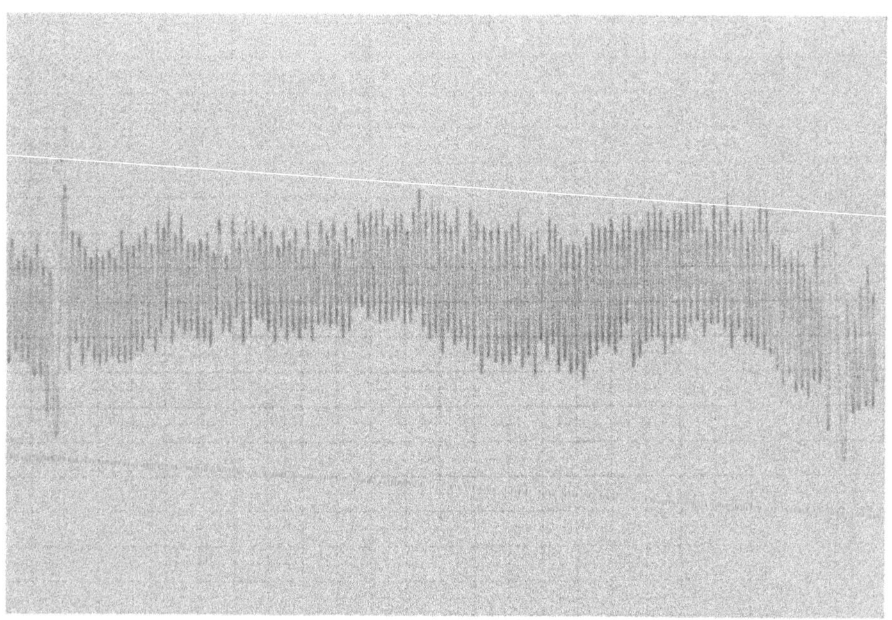

Abb. 9 Remissionskurve einer nicht glatt eingelegten Gewebeprobe

webestückes wurden Fäden entzogen, was in der Remissionskurve durch die starken Anschläge am Anfang und Ende der Kurve zum Ausdruck kommt.
Diese Kurve täuscht, wenn es sich um ein gefärbtes Gewebe handelt, eine unegale Färbung vor, wie in einem späteren Abschnitt noch näher beschrieben wird.

3. Anwendung der Meßmethode

3.1 Bestimmung der Gleichmäßigkeit eines Rohgewebes

Die Gleichmäßigkeit eines Gewebes ist in bezug auf die Fadenlage von größter Bedeutung für das Warenbild des fertig ausgerüsteten Gewebes. Wir haben bereits in der Einleitung erwähnt, daß ungleich große Lücken z. B. zwischen den Kettfäden in einer Kettstreifigkeit zum Ausdruck kommen.
In der Abb. 10 wird die Remissionskurve eines relativ gleichmäßigen Gewebes dargestellt. Gleichzeitig ist das Mikrophoto des entsprechenden Gewebes abgebildet, wobei jeder Faden – es handelt sich in diesem Fall um die Kettfäden – auf die dazugehörige Kurvenspitze weist. Auch in diesem Fall wurden wieder Kettfäden entzogen, was sowohl das Kurvenbild als auch die Gewebeaufnahme erkennen lassen.
Aus dieser Darstellungsweise ist nunmehr eindeutig zu entnehmen, daß wir mit unserer Methode jeden Faden und jede Lücke erfassen und somit Aussagen über die Gleichmäßigkeit eines Gewebes machen können.
Es ist bekannt, daß die Fadenlage der Kettfäden in einem geschlichteten Gewebe erheblich ungleichmäßiger ist als im entschlichteten Zustand. Diese Tatsache läßt sich auch mit unserer Methode sehr gut zeigen. In der Abb. 11 ist die Remissionskurve eines geschlichteten, in der Abb. 12 diejenige des entsprechenden Gewebes im entschlichteten Zustand dargestellt.
Bei dem geschlichteten Gewebe läßt sich einerseits die unterschiedliche Breite der Lücken erkennen, zum anderen zeigt die unterschiedliche Remission der Fäden, daß diese unterschiedliche Helligkeit oder verschiedenen Glanz besitzen. Es ist voll verständlich, daß der Glanz die Remission erheblich beeinflußt, was auch bei gefärbten Geweben zu berücksichtigen ist.

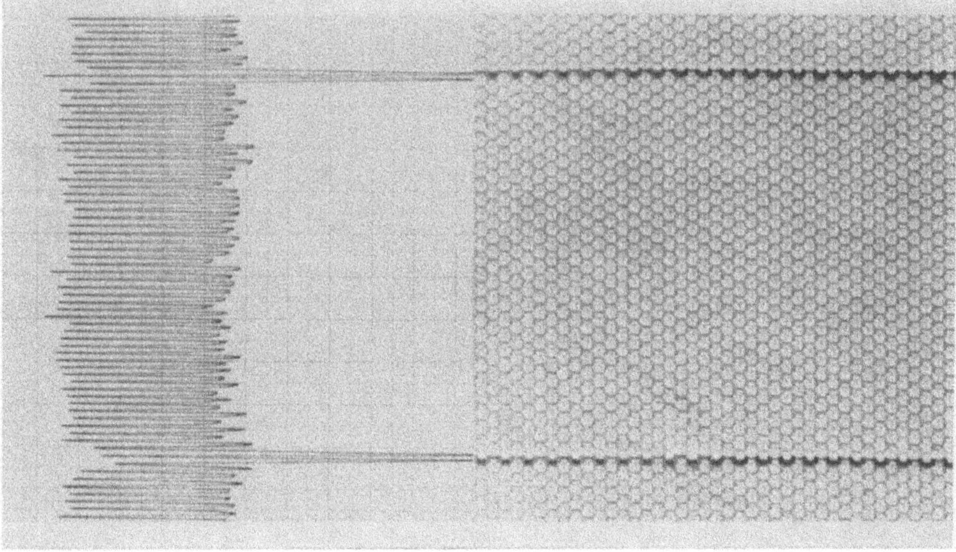

Abb. 10 Remissionskurve eines gleichmäßigen Rohgewebes im Vergleich zur Mikroaufnahme dieses Gewebes

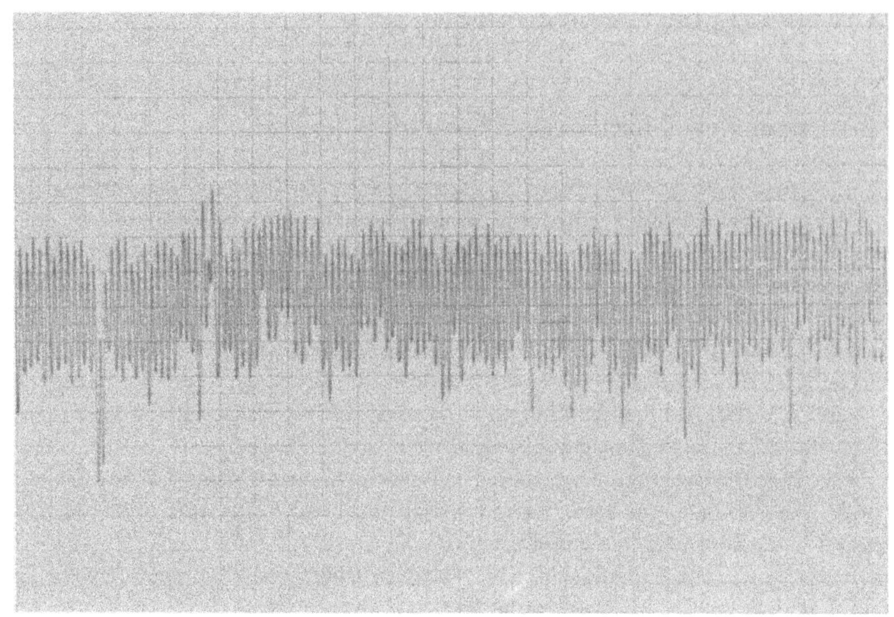

Abb. 11 Remissionskurve der Kettfäden eines geschlichteten Gewebes

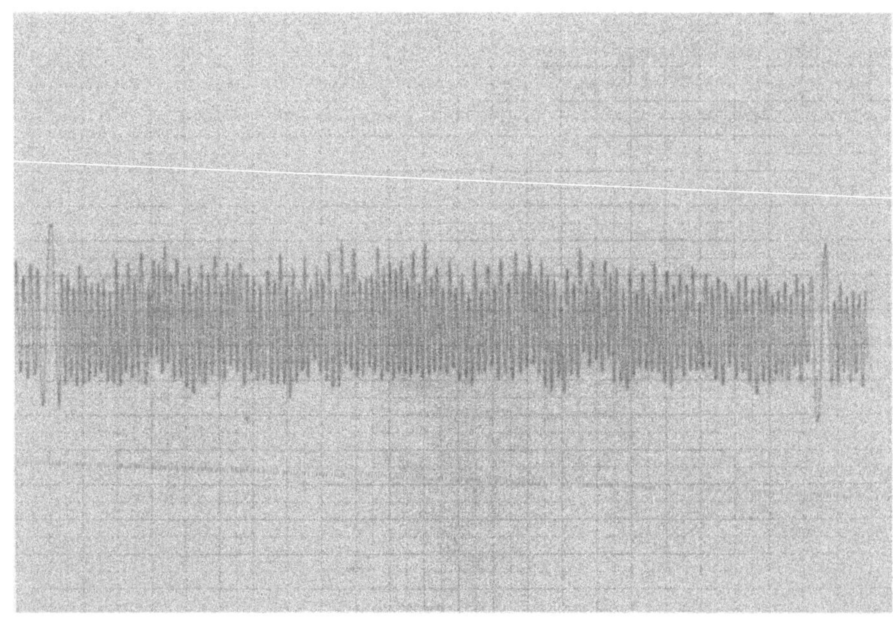

Abb. 12 Remissionskurve der Kettfäden eines entschlichteten Gewebes

Ein besonders gutes Beispiel wird in Abb. 13 dargestellt. Hier wird die Remissionskurve eines Gewebes gezeigt, das eine große Fadenlücke aufweist. Gleichzeitig haben wir wiederum wie in Abb. 10 das Mikrophoto dieses Gewebes mit eingefügt und außerdem die Fehlerstelle im Gewebe vergrößert dargestellt, wobei die Lücke zwischen den Kettfäden im Gewebe sehr deutlich zu erkennen ist.

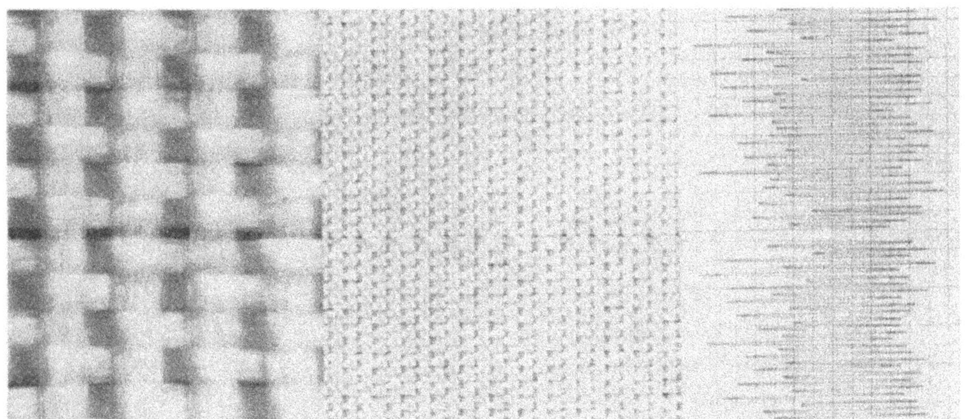

Abb. 13 Remissionskurve der Kettfäden eines Gewebes mit großer Fadenlücke im Vergleich zur Mikroaufnahme dieses Gewebes

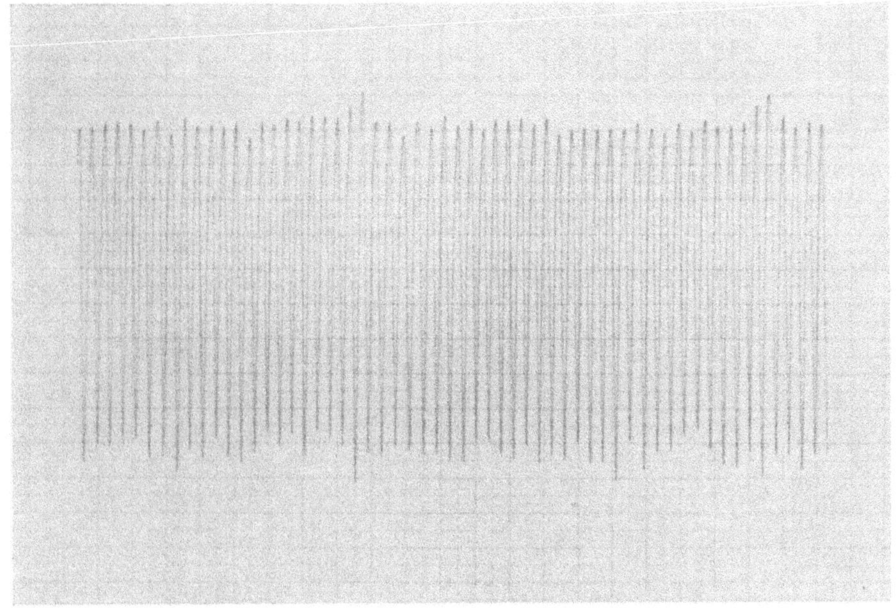

Abb. 14 Remissionskurve der Schußfäden eines gleichmäßigen Gewebes

In den bisherigen Darstellungen ist in jedem Fall die Messung der Remission von Kettfäden wiedergegeben. Die gleiche Möglichkeit besteht auch für die Schußfäden. Als Beispiel wird in Abb. 14 die Remissionskurve eines Gewebes in der Schußrichtung – d. h. die Schußfäden sind parallel zum Spalt angeordnet – dargestellt.
Diese Kurve unterscheidet sich praktisch in keiner Weise von der entsprechenden der Kettfäden, was auch voll verständlich ist. Wir wollten mit dieser Kurve lediglich zeigen, daß wir mit unserem Verfahren die Gleichmäßigkeit eines Gewebes sowohl in Schuß- als auch in Kettrichtung untersuchen können.

3.2 Bestimmung der Streifigkeit eines gefärbten Gewebes

Nachdem wir gezeigt haben, wie sich die Ungleichmäßigkeit eines ungefärbten Gewebes bestimmen läßt, möchten wir im folgenden die Remissionskurven streifig gefärbter Gewebe darstellen.

Abb. 15 Gewebe mit Streifenmuster als Modellfall

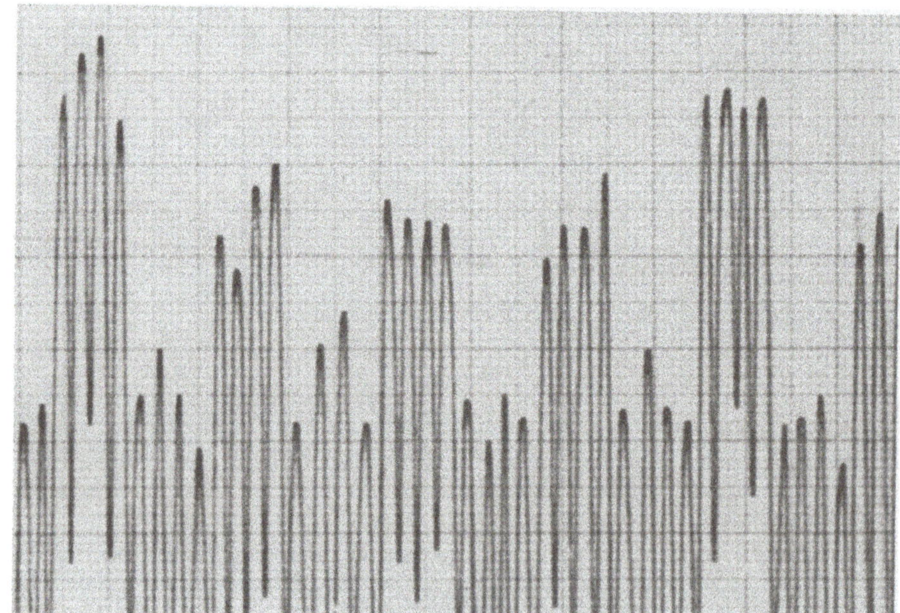

Abb. 16 Remissionskurve des streifigen Modellgewebes

Es soll zunächst an einem Modellfall erläutert werden, wie die Streifigkeit eines Gewebes in unseren Kurven zum Ausdruck kommt. In der Abb. 15 wird die Farbaufnahme eines Gewebes dargestellt, in das verschiedenfarbige Fäden eingeschärt und -gewebt wurden. Die Remissionskurve dieser Probe ist aus Abb. 16 zu entnehmen.

Dieses Beispiel läßt eindeutig die unterschiedlich starke Remission der verschiedenartig angefärbten Fäden erkennen.

So eindeutig wie in diesem Falle liegen die Verhältnisse z. B. bei einem kettstreifigen Gewebe nicht. In der Regel treten bei diesen Fehlern keine Unterschiede im Farbton, sondern in der Farbtiefe auf. Weiterhin ist die Streifigkeit entschieden unregelmäßiger. Die oben gezeigten Beispiele sollten auch lediglich an einem extremen Modell deutlich machen, wie die Streifigkeit eines Gewebes durch unser Meßverfahren erfaßt wird.

In der Abb. 17 wird die Remissionskurve eines gleichmäßig gefärbten Gewebes dargestellt.

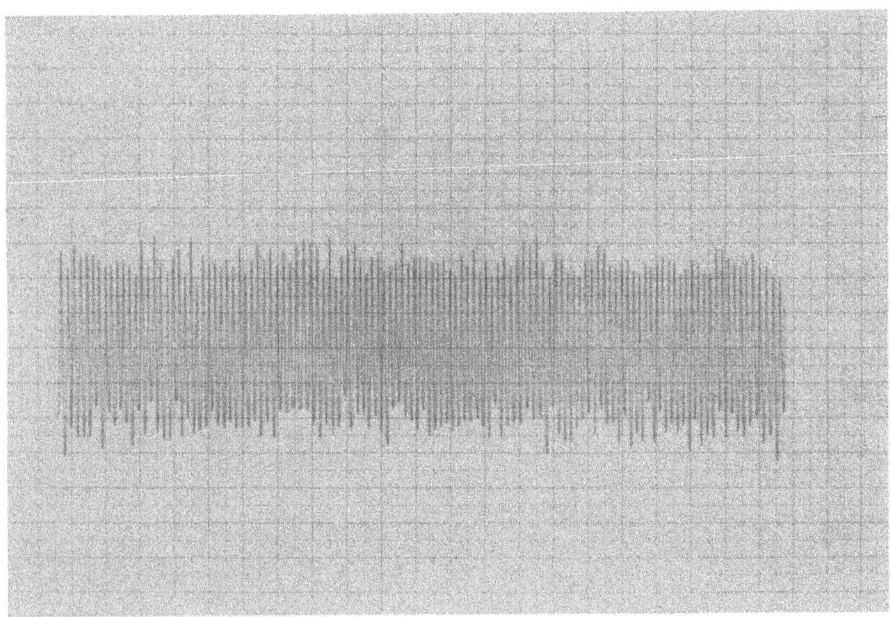

Abb. 17 Remissionskurve eines gleichmäßig gefärbten Gewebes

Diese Kurve unterscheidet sich praktisch nicht von derjenigen eines einwandfreien Rohgewebes, was auch durch die Remissionskurve desselben Gewebes nach dem Abziehen des Farbstoffes festzustellen ist (Abb. 18).

In der Abb. 19 wird demgegenüber die Remissionskurve eines stark kettstreifigen Gewebes wiedergegeben. In der Abb. 20 wird eine Übersichtsaufnahme dieses Gewebes gezeigt, die deutlich ihre Streifigkeit des Gewebes erkennen läßt.

Die Streifigkeit dieses Gewebes kommt auch in der Remissionskurve klar zum Ausdruck. Weiterhin ist an dem Kurvenbild die abwechselnd schwache und starke Remission der Lücken auffallend. Diese Tatsache liegt unseres Erachtens darin begründet, daß bei diesem Gewebe ein zweifädiger Rieteinzug vorgenommen wurde, wodurch abwechselnd eine sehr schmale und eine breite Lücke zwischen den Kettfäden gebildet wird.

Analog dem gleichmäßigen Gewebe haben wir das streifige Material entfärbt und die Remission diese Gewebes gemessen, deren Ergebnis in Abb. 21 dargestellt ist.

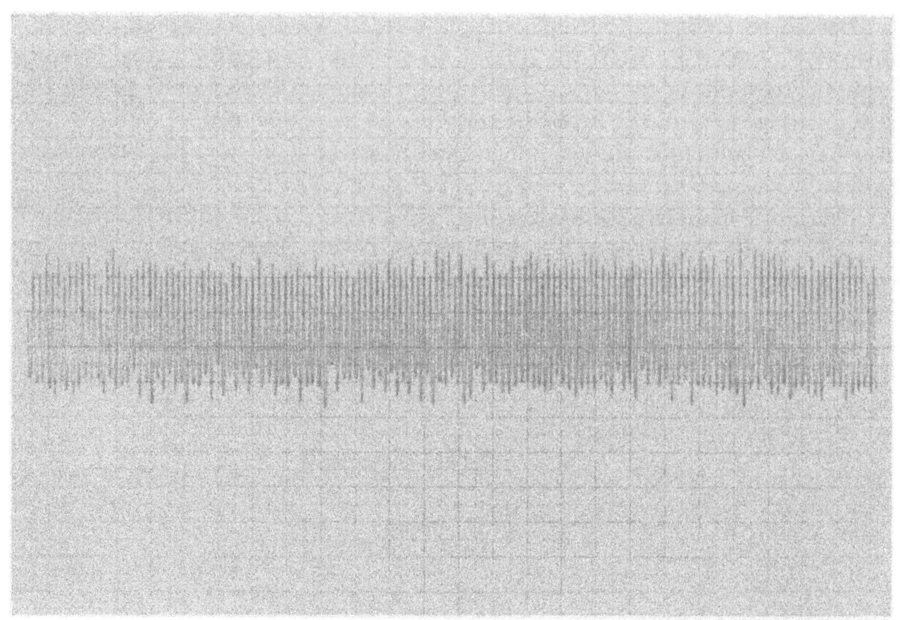

Abb. 18 Remissionskurve eines gleichmäßigen Gewebes nach dem Abziehen des Farbstoffes

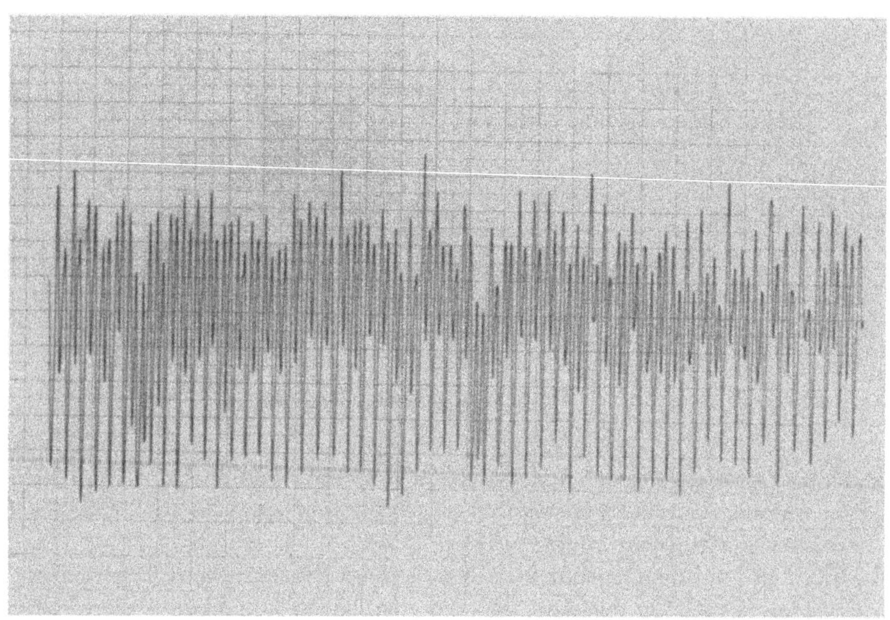

Abb. 19 Remissionskurve eines kettstreifigen Gewebes

Diese Kurve läßt erkennen, daß bereits das Gewebe selbst sehr ungleichmäßig ist. Die beiden starken Ausschläge sind wieder durch Fadenentzug bedingt.
Die dargestellten Messungen haben also gezeigt, daß es mit der beschriebenen Versuchsanordnung möglich ist, Aussagen über die Kettstreifigkeit eines Gewebes zu machen.

Abb. 20 Übersichtsaufnahme des kettstreifigen Gewebes, dessen Remissionskurve in Abb. 19 dargestellt ist

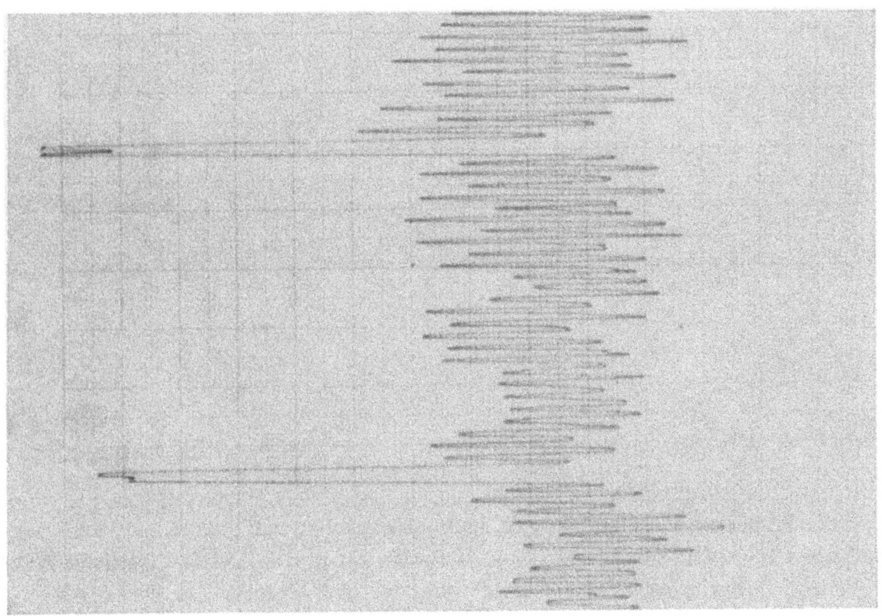

Abb. 21 Remissionskurve eines kettstreifigen Gewebes nach dem Abziehen des Farbstoffes

3.3 Bestimmung der Egalität eines gefärbten Gewebes

Neben der im vorigen Kapitel beschriebenen Streifigkeit besteht auch die Möglichkeit, die Egalität eines Gewebes meßtechnisch festzuhalten. In der Abb. 22 wird die Remissionskurve einer unegalen Färbung dargestellt.
Diese Ungleichmäßigkeit kommt durch die gesamte Verschiebung der Kurve zum Ausdruck; das heißt also, daß nicht einzelne Fäden gegenüber dem Hauptanteil der Fäden eine andere Remission zeigen, sondern die Remission sich bei der Messung über eine große Anzahl von Fäden allmählich ändert. Diese Methode findet bei der Untersuchung der Einheitlichkeit der Färbung von Papieren und Kunststoffen bereits häufig Anwendung. Die dargestellte Kurve ist sehr ähnlich derjenigen in Abb. 9, woraus deutlich wird, wie wichtig es ist, für eine glatte Lage des Gewebes im Probenhalter zu sorgen.

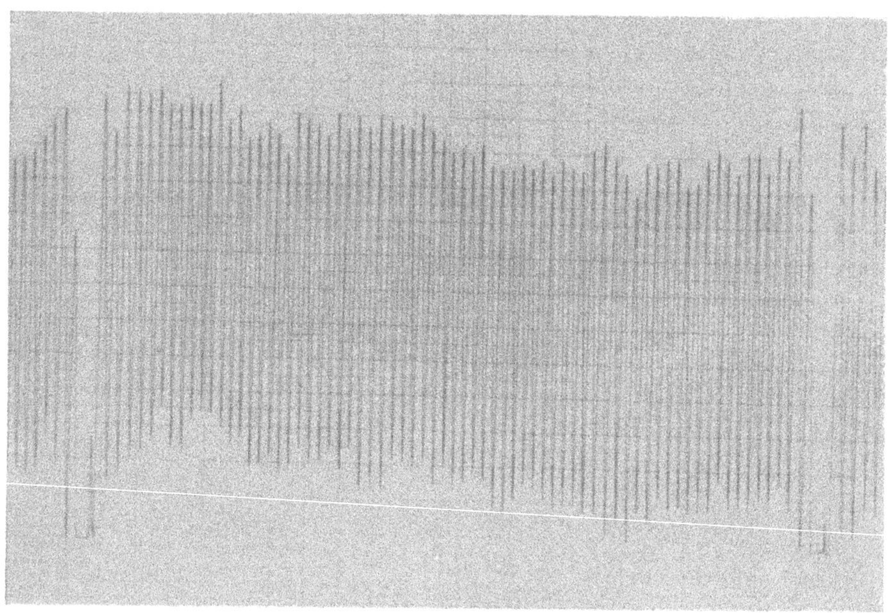

Abb. 22 Remissionskurve eines unegal gefärbten Gewebes

4. Diskussion

Auf Grund unserer Untersuchungen kann man sagen, daß durch geringfügige Abänderungen mit Hilfe des Chromoscan Gewebe auf ihre Gleichmäßigkeit in webtechnischer und färberischer Hinsicht untersucht werden können. Die Egalität eines Gewebes, die zwar nur eine untergeordnete Rolle spielt, läßt sich gleichzeitig mit erfassen.
Die Methode besitzt jedoch zur Zeit noch den Nachteil, daß mit ihr nur rein qualitative Aussagen gemacht werden können.
Das beschriebene Meßverfahren soll dazu dienen, vergleichende Aussagen über die Gleichmäßigkeit eines Gewebes zu machen. Weiterhin besteht die Möglichkeit, bei der Suche nach der Ursache für die Streifigkeit eines Gewebes nähere Aufschlüsse zu erhalten.

Zusammenfassung

Durch geringfügige Abänderungen des Chromoscan der Firma Joyce, Loebl and Company wurde die Möglichkeit geschaffen, mit diesem Gerät die Remission jedes einzelnen Fadens in einem Gewebe zu messen. An Hand einer Reihe von Beispielen konnte gezeigt werden, daß ungleichmäßige Fadenlage im Gewebe sowie unterschiedlich angefärbte Fäden meßtechnisch erfaßt werden können. Derartige Fehler sind in vielen Fällen die Ursache für die Streifigkeit eines Gewebes, und die beschriebene Methode bietet somit die Möglichkeit, die Suche nach der Ursache eines derartigen Fehlers zu erleichtern.

Literatur

[1] Hume, H. F., E. H. Olson, C. E. Reese, Text. Res. J. Vol. **XXIII** (1953) 123.

GPSR Compliance
The European Union's (EU) General Product Safety Regulation (GPSR) is a set of rules that requires consumer products to be safe and our obligations to ensure this.

If you have any concerns about our products, you can contact us on

ProductSafety@springernature.com

In case Publisher is established outside the EU, the EU authorized representative is:

Springer Nature Customer Service Center GmbH
Europaplatz 3
69115 Heidelberg, Germany

www.ingramcontent.com/pod-product-compliance
Ingram Content Group UK Ltd.
Pitfield, Milton Keynes, MK11 3LW, UK
UKHW050137280726
14058UKWH00006B/695

* 9 7 8 3 6 6 3 0 6 5 9 8 2 *